BEI GRIN MACHT SICH IHR WISSEN BEZAHLT

- Wir veröffentlichen Ihre Hausarbeit,
  Bachelor- und Masterarbeit

- Ihr eigenes eBook und Buch -
  weltweit in allen wichtigen Shops

- Verdienen Sie an jedem Verkauf

Jetzt bei www.GRIN.com hochladen
und kostenlos publizieren

Bibliografische Information der Deutschen Nationalbibliothek:

Die Deutsche Bibliothek verzeichnet diese Publikation in der Deutschen National-
bibliografie; detaillierte bibliografische Daten sind im Internet über http://dnb.d-
nb.de/ abrufbar.

Impressum:

Copyright © 2018 GRIN Verlag
Druck und Bindung: Books on Demand GmbH, Norderstedt Germany
ISBN: 9783668845244

Dieses Buch bei GRIN:

https://www.grin.com/document/450256

Elyor Khudayberdiev

Elektroautos. Der grüne Weg in die Zukunft?

GRIN Verlag

Leibnizschule – Gymnasium der Stadt Leipzig

Schuljahr 2017/2018

Facharbeit

Elektroautos – Der grüne Weg in die Zukunft

Verfasser:

Elyor Khudayberdiev

Fach:

Physik

Erstellt am/in: (05.01.2018/Leipzig)

Inhaltsverzeichnis

1 Einleitung

„Der Mensch braucht die Natur, die Natur den Menschen nicht. Der Mensch ist Teil der Natur, er ist ihr nicht übergeordnet. Erst wenn er das begreift, hat er eine Überlebenschance." [1]

Die Zeit – das ist einer der wichtigen Faktoren in unserem Leben. Nur mit der Zeit versteht der Mensch, was er mit der Natur macht und welche Folgen ihn erwarten können. Die Zerstörung der Natur durch CO_2 ist das wichtige Problem unserer Zeit. Das Zitat von Richard Freiherr von Weizsäcker ist eine gute Motivation über die Verschmutzung der Natur nachzudenken.

Mit der Entwicklung der Welt und der Technologien versucht die Menschheit mobil und so schnell wie möglich zu sein. Die Wege zur Entwicklung dieser Mobilität können aber unterschiedlich sein. In den nachfolgenden Etappen will ich einen der Wege zur Entwicklung der Mobilität zu beschreiben. Der Weg, der in dieser Facharbeit beschreiben wird, heißt Elektromobilität.

Eine Art der Nutzung von Elektromobilität sind ausschließlich elektrisch betriebene Autos. Das Ziel dieser Facharbeit ist die Überprüfung, ob der Weg zur Entwicklung der Elektrofahrzeuge im Vergleich zu anderen Fahrzeuge wirklich „grün" ist.

Außerdem wird eine Umfrage der Bewohner der Stadt Leipzig ausgewertet und analysiert und auf die Frage, ob die Menschen bereit sind, ihr Auto zu tauschen bzw. ein Elektroauto zu kaufen und unter welchen Bedingungen, geantwortet.

Im nachfolgenden Kapitel der Facharbeit wird die Geschichte der Entwicklung des Elektromobils und theoretische Grundlagen der Elektromobilität, solche wie den Aufbau des Elektromobils, vorgestellt. Dabei spielen die energiewirtschaftliche Aspekte bzw. Energiespeicher und Batterieladesysteme, die im dritten Kapitel beleuchtet werden, eine große Rolle. Dem folgen im vierten Kapitel die Vor- und Nachteile, sowie die

---

[1] Freiherr von Weizsäcker, Richard. Aphorismen.de. [Online] [Zitat vom: 18. Dezember 2017.] https://www.aphorismen.de/zitat/180964.

Unterschiede und Gemeinsamkeiten der Motoren verglichen. Unter Berücksichtigung der Ergebnisse und Erkenntnisse in den Kapiteln zuvor, werden daran anschließend die Möglichkeiten der Umsetzung in die Praxis im fünften Kapitel diskutiert. Anschließend erfolgt eine Auswertung der Umfrageergebnisse und die Schlussfolgerung, in der das Elektroauto kritisch bewertet wird.

2 Grundlagen der Elektromobilität

2.1 Die historische Entwicklung des Elektroautos/Elektromobils

„Die Elektroautos haben eine lange Geschichte, sie sind beinahe so alt wie das Automobil selbst".[2]

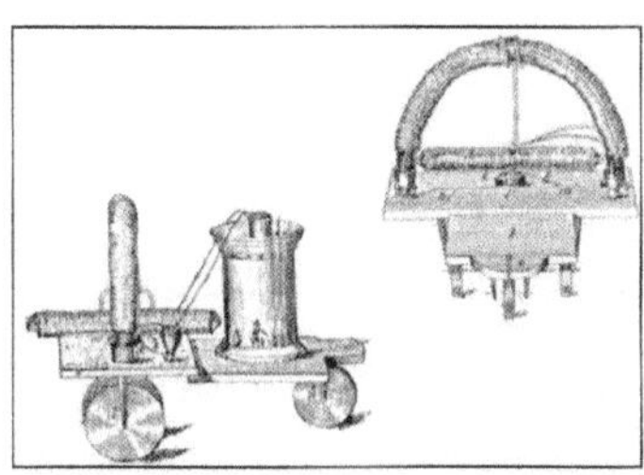

Abbildung 1: *Erstes Elektrofahrzeug von Stratingh & Becker 1835 (Quelle: Yay, Mehmet (2015), S. 15)*

Die Geschichte des Elektroautos beginnt Im Jahr 1831 in der Stadt Padua in Italien. SALVATORE DAL NEGRO hat den ersten durch Elektromagnetismus in Bewegung gehaltenen Kraftmotor gebaut. Drei Jahre später baute der Königsberger Physiker MORITZ H. JACOBI einen elektromagnetischen Drehmotor, „der die Kraft eines ‚halben Mannes' hatte".[3] Seit dieser Zeit ist die Idee geboren, den Strom als ein Mittel der Fortbewegung zu verwenden. Im nächsten Jahr wurde das erste Dreirad-Modell von STRATINGH UND BECKER gebaut. Das Dreirad-Modell sah sehr primitiv aus. Dies war klein und konnte nicht die Personen über längere Distanzen transportieren aber auf jeden Fall war es das erste Elektrofahrzeug. Zu dieser Zeit wurden Einwegbatterien benutzt, weil es keine aufladbaren Batterien (Akkus) gab.[4]

Die erste Batterie wurde von ALLESANDRO GIUSEPPE ANTONIO ANASTASIO GRAF VON VOLTA im Jahr 1800 erschaffen. Diese Batterie wurde auch häufig „Volta'schen Säule" genannt. Von der Energiespeicherung ging die Rede überhaupt nicht, weil diese Volta'schen Säule

---

[2] Schoblick, Robert. 2013. Antriebe von Elektroautos in der Praxis. Haar bei München : Franzis Verlag GmbH, 2013. S. 5.

[3] Yay, Mehmet. 2015. Elektromobilität. Frankfurt am Main : Peter Lang GmbH, 2015. S. 15.

[4] Vgl.: Yay, Mehmet. 2015. Elektromobilität. Frankfurt am Main : Peter Lang GmbH, 2015. S. 15 f.

gar keinen Strom speichern konnte. Erst im Jahr 1881 gelang es, den ersten Akkumulator zu entwickeln. Der Akkumulator wurde von CAMILLE A. FAURE und VOLKMAR in Paris, als der erste Blei-Säure-Akkumulator, der Strom speichern konnte, präsentiert. Das waren die ersten Schritte zur Entwicklung des Elektroautos.[5]

Später wurde dieser Weg zur Entwicklung der Mobilität noch mehr entwickelt, dann sind die neuen Erfindungen gefolgt: Das erste dynamoelektrische Prinzip von Werner von Siemens im Jahr 1866, das erste 40 Menschen transportierende Elektrofahrzeug, die Nutzung der Elektrofahrzeuge als Taxi bzw. „die elektrische Droschke" [6] und „die elektrische Kanonenkugel" [7] bzw. „das erste Auto, das schneller als 100 km/h fuhr, war ein Elektroauto." [8] [9]

Abbildung 2: "Die elektrische Kanonenkugel" auf Rädern von Camille Jenatzy 1899 (Quelle: Löser, Reinhard (2009), S. 98)

In der Zeit Periode von 1900 - 1973 waren Elektroautos erst einmal unwichtig geworden, wegen einer langen Reichweite und der Zweckmäßigkeit der Benzinwagen im Vergleich zu den Elektroautos. Durch einen „Self Starter" von CHARLES KETTERLING konnte man den Benzinwagen einfacher und sicherer starten. So fristet das Elektromobil bis heute noch ein Nischendasein. Und nun, nach der langen Pause, fangen die Menschen an, sich um die zunehmende Luftverschmutzung zu kümmern. Im Jahr 1982 schlossen Elf europäische Länder einen Vertrag ab, in dem eine „gemeinsame Forschung an Elektro-Straßenfahrzeugen"[10] festgesetzt wurde. Die Welt fängt sehr langsam an, die Benzin-/Dieselautos abzusetzen und die Abnahme der Rohstoffe (z.B. Benzin, Diesel und Erdgas)

---

[5] Vgl.: Yay, Mehmet. 2015. Elektromobilität. Frankfurt am Main : Peter Lang GmbH, 2015. S. 15 f.
[6] Yay, Mehmet. 2015. Elektromobilität. Frankfurt am Main : Peter Lang GmbH, 2015. S. 17.
[7] Ebd.
[8] Vieweg, Christof. 2010. E-Autos. Bielefeld : Delius Klasing Verlag, 2010. S. 149.
[9] Vgl.: Yay, Mehmet. 2015. Elektromobilität. Main : Peter Lang GmbH, 2015. S. 16 f.
[10] Yay, Mehmet. 2015. Elektromobilität. Frankfurt am Main : Peter Lang GmbH, 2015. S. 20.

motiviert die Menschen wieder über die Elektrifizierung des Straßenverkehrs nachzu-

denken. [11]

2.2 Aufbau

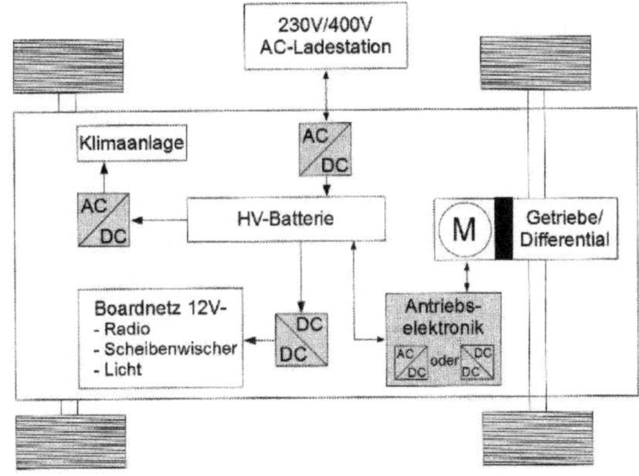

Abbildung 3: *Beispiel für die Struktur eines einfachen Elektrofahr-*
zeugs (Quelle: Schoblick, Robert (2013), S. 149)

In diesem Kapitel wird die Übersicht der Hauptkomponenten des typischen Elektroautos und auch die Funktion jeder Komponente kurz und knapp formuliert. Dazu dienen soll die **Abbildung 9**, die auch im Anhang eingesehen werden kann. Vor allem sind das: der Elektromotor, die Leistungselektronik für Elektromotor, der Wechselrichter (Antrieb-selektronik), das Getriebe, der Energiespeicher bzw. die Hochvolt-Batterie (HV-Batterie), die Hochvolt-Leitungen (HV-Leitungen), die Niedervolt-Leitungen (NV-Leitungen), das 12V-Bordnetz-Batterie, das Ladegerät, der Ladeanschluss, der Traktionsnetzverteiler, der EMV-Filter, der AC/DC; DC/AC; DC/DC; AC/AC – Spannungswandler und die Wechselrichter.

Elektromotor. Batterieelektrische Fahrzeuge werden ausschließlich über Elektromotoren angetrieben und ermöglichen somit eine lokale CO_2-freie Mobilität. Das Kraftzentrum des Elektroautos befindet sich in dem Elektromotor bzw. Induktionsmotor, der von Nicola Tesla im Jahr 1881 entwickelt wurde. [12] Fast in allen Elektroautos werden Drehstrom-Asynchronmotoren verwendet, weil sie höchst effizient und zuverlässig sind. [13]

---

[11] Vgl.: Yay, Mehmet. 2015. Elektromobilität. Frankfurt am Main : Peter Lang GmbH, 2015. S. 18-22.

[12] Vgl.: Gobmaier, Thomas. Nikola Tesla - vergessenes Genie. [Online] [Zitat vom: 22. Dezember 2017.] http://www.tesla-info.de/polyphase.htm.

[13] ACI. 2017. Bauplan-Elektroauto. [Online] 2017. [Zitat vom: 26. Dezember 2017.] https://bauplan-elektroauto.de/elektromotoren/.

Der Elektromotor besteht aus einer fest stehenden Hauptkomponenten (Ständer oder Stator) und einer sich drehenden Komponenten (Anker, Läufer oder Rotor). Der Rotor ist eine Ansammlung von leitfähigen Stäben, die sehr kompakt geschlossen werden. Von außen wird dreiphasiger Drehstrom in den Stator eingespeist. Der drei Phasen Wechselstrom in den Stator Spulen erzeugt ein rotierendes Magnetfeld (RMF). Dieses rotierende Magnetfeld induziert Ströme in den Rotorstäben um den Rotor in Drehung zu versetzen.[14] Die Kraft, die auf die Stäbe wirkt, ist die Lorenzkraft. Sie lässt sich insgesamt wie folgt berechnen[15]:

$$F = B * l * n * I$$

Wobei (l) ist die Leiterlänge, (n) die Anzahl der Leiter, (B) die Flussdichte des Magnetfelds und (F) die Kraft ist. Die Maßeinheiten sind[16]:

- Die magnetische Flussdichte wird in Vs/m^2 angegeben
- Die Leiterlänge misst man in Meter [m]
- Die Anzahl der Leiter ist ohne Einheit
- Der Strom wird in Ampere [A] angegeben

So bekommen wir aus der elektrischen eine mechanische Energie. [17]

Leistungselektronik für Elektromotor. Die Leistungselektronik ist das Gehirn des Elektroautos. Die Aufgabe der Leistungselektronik ist die Verbindung der Energiespeicher mit den elektrischen Verbrauchern im Fahrzeug und beim Ladevorgang mit dem öffentlichen Netz. Dabei wandelt die Leistungselektronik die elektrische Energie in die jeweils für den Verbraucher nötige Spannungsebene um. Zentraler Punkt sind die *Hochvolt-Leistungen und Niedervolt-Leitungen*, die alle Hauptkomponenten miteinander verbinden.[18]

---

[14] Vgl.: Gobmaier, Thomas. Nikola Tesla - vergessenes Genie. [Online] [Zitat vom: 22. Dezember 2017.] http://www.tesla-info.de/polyphase.htm.

[15] Vgl.: Schoblick, Robert. 2013. Antriebe von Elektroautos in der Praxis. Haar bei München : Franzis Verlag GmbH, 2013. S. 194 f.

[16] Vgl. ebd.

[17] Vgl.: Gobmaier, Thomas. Nikola Tesla - vergessenes Genie. [Online] [Zitat vom: 22. Dezember 2017.] http://www.tesla-info.de/polyphase.htm.

[18] Vgl.: 2012. emobilitaet.online. [Online] 2012. [Zitat vom: 23. Dezember 2017.] https://www.emobilitaetonline.de/das-elektroauto/68-kapitel-5-die-steuerungs-und-leistungselektronik.

Dies sind Beispiele der Aufgaben der Leistungselektronik:[19]

- Laden der Batterie

- Mögliche Synchronisierung die von der Batterie gelieferte Spannung mit dem Netz

- Bordnebensysteme: Radio, Zigarettenanzünder usw.

- Eigene Anforderungen des Antriebsmotors: Gleichstrom-, Synchron- oder Asynchronmaschine brauchen unterschiedliche Verfahren

- Soll neben dem Antrieb des Fahrzeugs auch Bremsenergie zurückgewonnen werden bzw. Rekuperation (Stromrückgewinnung), muss die Leistungselektronik entsprechende Ladeschaltungen vorsehen.[20]

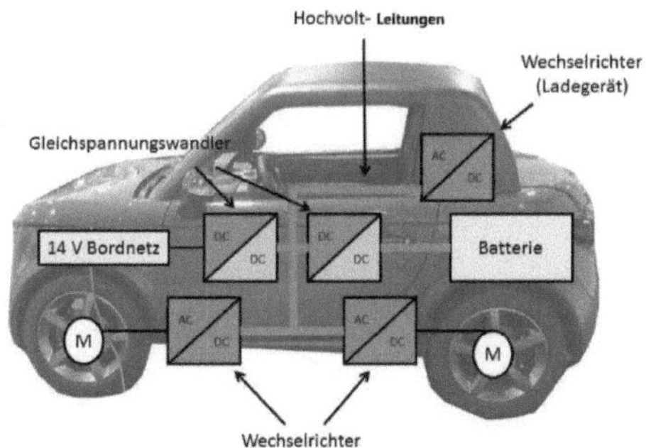

Abbildung 4: *grundlegende Bestandteile der Leistungselektronik in einem Elektroauto (Quelle: 2012. emobilitaet.online. [Online] 2012. [Zitat vom: 23. Dezember 2017.] https://www.emobilitaeton-line.de/das-elektroauto/68-kapitel-5-die-steuerungs-und-leistungs-elektronik.)*

Wechselrichter (Antriebselektronik). Der Wechselrichter ist ein Hauptelement der Leistungselektronik. Der Akku erzeugt Gleichstrom. Der Motor braucht aber Wechselstrom, deswegen muss man zuerst Gleichstrom in Wechselstrom umwandeln. Hier wird der Wechselrichter benötigt. Dieses elektrische Gerät steuert auch die Wechselstromfrequenz und somit auch die Motodrehzahl, deswegen kann der Wechselrichter die Amplitude des Wechselstroms verändern, was die Motorausgangsleistung steuert.[21]

---

[19] Vgl.: Schoblick, Robert. 2013. Antriebe von Elektroautos in der Praxis. Haar bei München : Franzis Verlag GmbH, 2013. S. 149.

[20] Vgl.: Schoblick, Robert. 2013. Antriebe von Elektroautos in der Praxis. Haar bei München : Franzis Verlag GmbH, 2013. S. 149.

[21] Vgl.: Learn Engineering. 2017. Patreon. [Online] 2017. [Zitat vom: 24. Dezember 2017.] https://www.patreon.com/LearnEngineering.

Wechselrichter (Ladegerät). An den Ladestationen steht Wechselstrom zur Verfügung. Man muss zuerst den Wechselstrom in Gleichstrom umwandeln, weil die Batterie einen Gleichstrom für die Aufladung braucht. Genau diese Rolle spielt das Ladegerät im Elektrofahrzeug.[22]

AC/DC; DC/AC; DC/DC; AC/AC – Spannungswandler und Wechselrichtern [23]:

- AC/DC-Konverter (Gleichrichter) konvertiert Wechselspannung in Gleichspannung.
- *DC/AC-Inverter* (Wechselrichter) richtet Gleichspannung in Wechselspannung um.
- *DC/DC-Wandler* von Gleichspannung in eine höhere oder niedrigere Gleichspannung.
- *AC/AC-Konverter* von Wechselspannung in Wechselspannung mit einer anderen Frequenz oder Amplitude.[24]

Arten der Nutzung des 12-V-Batterien sind u.a.[25]:

- Innen- und Außenbeleuchtung
- Multimediageräte wie Radio/TV
- Gebläse
- Sitzheizung
- Fensterheber
- Elektrische Türöffner
- Steuergeräte
- ...[26]

Energiespeicher bzw. Batterie-Modul oder HV-Batterie. Meistens befindet sich das Batterie-Modul als ein Batteriepaket (Akku-Pack) unter der Karosserie des Elektroautos. Das Batterie-Modul gilt als die Energiequelle des Elektrowagens und als Voraussetzung der Bewegung des Elektrowagens. Batterie-Modul ist die Ansammlung von Lithium-Ionen Zellen, die in parallelen Reihen angeordnet und verbunden sind. Das Akku-Pack besteht aus 16 solcher Module. Glykol wird als Kühlflüssigkeit durch Metallrohre in den Lücken

---

[22] Vgl.: Schoblick, Robert. 2013. Antriebe von Elektroautos in der Praxis. Haar bei München : Franzis Verlag GmbH, 2013. S. 256-259.
[23] Vgl.: März, Dr. Martin. 2010. Leistungselektronik für e-Fahrzeuge Konzepte und Herausforderungen. Nürnberg : Fraunhofer Institut für Integrierte Systeme und Bauelementetechnologie (FhG-IISB), 2010.
[24] März, Dr. Martin. 2010. Leistungselektronik für e-Fahrzeuge Konzepte und Herausforderungen. Nürnberg : Fraunhofer Institut für Integrierte Systeme und Bauelementetechnologie (FhG-IISB), 2010.
[25] Vgl.: Elektronik-Zeit. [Online] [Zitat vom: 23. Dezember 2017.] https://www.elektronik-zeit.de/warum-eine-12-v-batterie-im-elektroauto-notwendig-ist/.
[26] Ebd.

zwischen den Batterie-Zellen geleitet. Das ist die Voraussetzung für eine höhere Lebensdauer der Akku-Packs. Das erhitzte Glykol wird abgekühlt, indem es einen Autokühler durchläuft, der sich am vorderem Ende des Fahrzeugs befindet.[27]

Getriebe. Ein Elektroauto hat kein normales Getriebe, sondern oft ein Reduktionsgetriebe, wie z.B. in einem Geländewagen. Die Hauptaufgaben des Getriebes im Elektroauto sind[28]:

- Anpassung der Motordrehzahl an die Antriebsachse
- Fahrtrichtung festlegen[29]

Ladeanschluss. Mithilfe dieser Ladenanschlüsse lädt man das Elektroauto. Bei der Nutzung des Elektroautos werden unter Umständen mindestens zwei Kabel benötigt: eines für den Ladeanschluss an das 230-V-Einphasen-Hausnetz und eines mit einem Typ-2-Stecker. [30]

Tranktionsnetzverteiler spielt die Rolle des Relais im Elektroauto. Es ist ein elektrisch steuerbarer Schalter, mit dem Stromkreise ein- und ausgeschaltet werden können.[31]

EMV-Filter. „EMV-Filter werden zur Unterdrückung der leitungsgebundenen Störungen eingesetzt."[32]

Am Ende des zweiten Kapitels kann man sagen, dass fast alle Bestandteile des Elektroautos wirklich einen grünen Weg garantieren. Man kann zu diesem Weg streben und weiter im Gebiet des Elektroautos forschen. Die Motivation zur Entwicklung des Elektroautos ist die Umweltverschmutzung, die der Mensch früher nicht ernst genug genommen hat.

---

[27] Vgl.: Learn Engineering. 2017. Patreon. [Online] 2017. [Zitat vom: 24. Dezember 2017.] https://www.patreon.com/LearnEngineering.

[28] Vgl.: Schoblick, Robert. 2013. Antriebe von Elektroautos in der Praxis. Haar bei München : Franzis Verlag GmbH, 2013. S. 73.

[29] Vgl. ebd.

[30] Vgl.: Schoblick, Robert. 2013. Antriebe von Elektroautos in der Praxis. Haar bei München : Franzis Verlag GmbH, 2013. S. 253 ff.

[31] Vgl.: Leifiphysik. [Online] [Zitat vom: 27. Dezember 2017.] https://www.leifiphysik.de/elektrizitaetslehre/elektromagnetismus/ausblick/relais.

[32] REO. [Online] [Zitat vom: 27. Dezember 2017.] http://www.reo.de/de/produkte/emv-filter/emv-filter.html.

3 Elektromobilität und energiewirtschaftliche Aspekte

3.1 Übersicht über die Energiespeicher

„Ein Energiespeicher ist eine Anlage, die Energie aufnehmen und später wieder abgeben kann."[33] „Die notwendige Antriebsenergie wird elektronisch in Batterien (hauptsächlich Lithium-Ionen-Batterien) gespeichert.[34]

Heutzutage findet man viel verschiedene Akkumulatoren, aber nicht alle können die Anforderungen an die Energiespeicher erfüllen. In der **Abbildung 5** werden die wesentlichen Eigenschaften der oft verwendeten Akkuarten tabellarisch vorgeführt.[35]

	$Pb\text{-}PbO_2$	Ni-Cd	Ni-MH	Li-Ion
Energiedichte [Wh/kg]	20 – 45	25 – 40	55 – 85	90 – 160
Leistungsdichte (w/kg]	100	600	750	1350 (Hochleistungsvariante)
Zyklen / **Lebensdauer**	500 – 1500 4 Jahre	bis 2000 6 Jahre	300 – 1000 2 – 5 Jahre	> 1000 k. A.
Selbstentladung [Monat]	5 %	5 – 20 %	30 %	5 – 10 % [bei 20 C°]
Schnellladezeit [h]	8 – 16 h	1 h	2 – 4 h	2 – 4 h
Arbeitstemperatur [C°]	–40 – 60 C°	–20 – 60 C°	0 – 50 C°	–40 – 60 C°
Verfügbarkeit **Markt**	sehr hoch	hoch	hoch	hoch
Sicherheit	hoch	hoch	hoch	niedrig
Umweltverträglichkeit	niedrig	sehr niedrig	niedrig	k. A.
Zuverlässigkeit	mittel-hoch	hoch	hoch	mittel-hoch
Kosten[100] [€/kWh]	150 €/kWh	600 €/kWh	750 €/kWh	750 – 1000 €/kWh
Mobilitätskosten [€/kWh][101]	0,22 €/kWh	_"_	_"_	_"_
Mobilitätskosten 100 km[102] [€/kWh]	3,30/4,40 /6,60	_"_	_"_	_"_
Klein-/Mittel-/ **Oberklasse PKW**	€ /100 km			

Abbildung 5: *Übersicht Eigenschaften der Energiespeicher im Vergleich (Quelle: Eigene Darstellung in Anlehnung an Neupert, Ulrik et. al (2009), S. 39; Stan, Cornel (2008), S. 241; Klauke, Dominik (2009a), S. 19 ff.; Mauch, Wolfgang (2009), S. 16 f.; Wallentowitz, Henning et. al. (2010), S. 130.*

Derzeit kommen in Elektroautos nahezu ausschließlich Lithium-Ionen-Akkus zum Einsatz, weil die Batterien dieses Typs eine hohe Energiedichte besitzen, eine Vielzahl an

---

[33] Paschotta, Dr. Rüdiger. 2012. RP-Energie-Lexikon. [Online] 2012. [Zitat vom: 25. Dezember 2017.] https://www.energie-lexikon.info/energiespeicher.html.
[34] Trost, Tobias. 2016. Erneubare Mobilität im motorisierten Individualverkehr. Heilbad Heiligenstadt : Fraunhofer Verlag, 2016. S 10.
[35] Vgl.: Yay, Mehmet. 2015. Elektromobilität. Frankfurt am Main : Peter Lang GmbH, 2015. S. 54 f.

Ladezyklen vertragen und keinen nennenswerten Memory-Effekt aufweisen.[36] Deswegen wird dieses Kapitel mit dem Li-Ion Akkus verknüpft.

In **Abbildung 6** ist der prinzipielle Aufbau und die Funktionsweise einer wiederaufladbaren Lithium-Ionen-Batterie gezeigt. Zwischen den beiden Elektroden befindet sich das ionenleitfähige Elektrolyt (in dem ein dissoziiertes Lithium-Leitsalz enthalten ist) und ein Separator, eine poröse Membran, die die beiden Elektroden voneinander isoliert und „somit einen Kurzschluss verhindert"[37]. In Lithium-Ionen-Batterien wandern einzelne Lithium-Ionen beim Entladen und Laden zwischen den Elektroden hin und her und werden in den Aktivmaterialien eingelagert.[38]

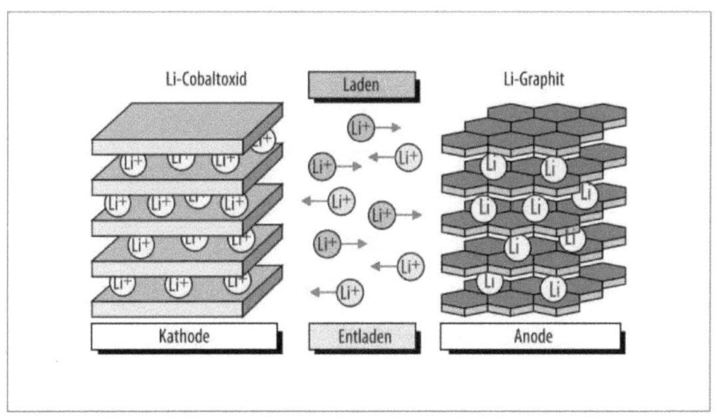

Abbildung 6: In der Zelle eines Li-Ionen-Akkus werden beim Laden und Entladen die Lithium-Ionen von einer Elektrode zur anderen umgelagert – je nach Stromrichtung (Quelle: batteryuniversity.eu GmbH)

3.2 Anforderungen an die Energiespeicher

In **Abbildung 7** werden die Anforderungen nach Anforderungsart und ihrer spezifischen Anforderungen gegliedert:

---

[36] Vgl.: Mähler, Christoph. 2016. Stromschnell. [Online] 2016. [Zitat vom: 26. Dezember 2017.] https://www.stromschnell.de/technik/batterien-in-elektroautos-aktueller-stand-und-perspektiven_5123204_5093776.html.

[37] Mähliß, Dr. Jochen. 2012. Elektronik. Fachmedium für Industrielle Anwender und Entwickler. [Online] 2012. [Zitat vom: 26. Dezember 2017.] http://www.elektroniknet.de/elektronik/power/gefaehrdungspotenzial-von-li-ionen-zellen-92479.html.

[38] Vgl.: Korthauer, Reiner. 2013. Handbuch Lithium-Ionen-Batterien. Stuttgart, Deutschland : Springer Vieweg Verlag, 2013. S. 14 f.

Anforderungsart	Spezifische Anforderung
Energetische Qualität	– Hohe Energiedichte – Hohe Leistungsdichte – Niedriger kumulierter Energieaufwand – Wenig Verluste – Geringe Selbstentladung – Geringer Hilfsenergieverbrauch – Hoher Systemnutzungsgrad
Physische Eigenschaften	– Geringes Gewicht – Geringes Volumen – Möglichst freie Formbarkeit
Sicherheit	– Hohe Betriebssicherheit (Explosions- gefahr) – Geringes Schadenspotenzial
Lebensdauer	– Hohe Zyklenlebensdauer (Anzahl La- dung- und Entladung) – Hohe kalendarische Lebensdauer
Umweltverträglichkeit	– Herstellung – Nutzung – Recyclingfähigkeit
Wirtschaftlichkeit	– Niedrige Investitionskosten – Niedrige Betriebskosten – Niedrige Herstellkosten – Geringer Wartungsaufwand

Abbildung 7: Anforderungen an Energiespeicher (Quelle: Eigene Darstellung in Anlehnung an Mauch, Wolfgang et. al. (2009), S. 6;

3.3 Batterieladesysteme

Es gibt viele Varianten, wie man ein Elektroauto aufladen kann, aber es gibt nur zwei Arten des Ladeverfahrens: konduktives und induktives Laden. Beim konduktiven Laden erfolgt die Ladung des Akkumulators leitungsgebunden, wobei hingegen beim induktiven Laden die Aufladung ohne direkten Kontakt erfolgt. Die Ladezeiten sind abhängig von der Spannung (U) in Volt und Stromstärke (I) in Ampere, die vom Energienetz zur Verfügung gestellt werden. Die Gesamtleistung aus U*I ergibt die Leistung (P) in Watt.[39]

In **Abbildung 10** im Anhang werden die CO_2 Treibhausgasemissionen von Verbrennungs- und Elektrofahrzeugen (Heute und 2030 [40]) dargestellt. Danach wird in **Abbildung 11** im Anhang der Einsatz von kritischen Rohstoffen in Elektro-Pkw´s angezeigt.

Daraus bildet sich meine These. Dieses Kapitel zeigt, in welche Richtung die Elektroautos ihren Weg entwickeln müssen, damit man eine grüne Zukunft erreichen kann. Außerdem müssen die feinsten Nuancen der Umweltverschmutzung und der Mobilität des E-Autos berücksichtigt werden. Der Missbrauch der kritischen Rohstoffe bei der Herstellung der Elektrowagen muss auch beaufsichtigt werden.

---

[39] Yay, Mehmet. 2015. Elektromobilität. Frankfurt am Main : Peter Lang GmbH, 2015.

[40] Dargestellt wird die Umweltwirkung pro gefahrenen Kilometer im entsprechenden Bezugsjahr. Im weiteren Fahrzeugleben können sich die Rahmenbedingungen, insbesondere die Stromerzeugung, relevant verändern.

4 Elektromotoren im Vergleich zu Verbrennungsmotoren

4.1 Unterschiede und Gemeinsamkeiten der Motoren

Die Elektromotoren können bei der Abbremsung als ein Generator funktionieren bzw. die mechanische Energie wird in elektrische Energie umgewandelt. Diese Funktion heißt Rekuperation. Die Verbrennungsmotoren haben aber diese Funktion nicht.[41]

Normalerweise stellt das Getriebe im Auto die Drehrichtung ein, aber bei den Elektroautos ist das anders. Da ändert der Elektromotor seine Drehrichtung.[42] Die Motordrehzahl des Elektroautos kann von 0 bis 18000 Umdrehungen pro Minute reichen. Dies ist der größte Vorteil von Elektroautos im Vergleich zu Verbrennungsmotoren, bei denen der Drehzahlbereich viel niedriger ist (ungefähr 0-5000 Umdrehungen pro Minute).[43]

Das maximale Drehmoment wird schon kurz nach dem Anlaufen des Elektromotors abgegeben, während der Verbrennungsmotor je nach Auslegung dafür eine bestimmte Drehzahl pro Minute benötigt. Wenn man einfach die Frequenz des zugeführten Stroms verändert, ist man in der Lage die Drehzahl pro Minute und das Drehmoment des Elektroautos zu verändern. Dies ist der größte Vorteil von Elektroautos im Vergleich zu den Verbrennungsmotoren.[44]

Ein Verbrennungsmotor erzeugt keine direkte Drehbewegung. Die lineare Bewegung des Kolbens muss in eine Drehbewegung umgewandelt werden. Dies führt zu erheblichen Problemen hinsichtlich des mechanischen Auswuchtens. Die Ausgangsleistung eines Verbrennungsmotors ist zudem ungleichmäßig. Um diese Probleme zu lösen, benötigt man viel Zubehör.[45] Ein Verbrennungsmotor, nach aktueller Euronorm, hat rund 2.500 Bauteile, die entwickelt, gefertigt und montiert werden müssen. Ein Elektromotor

---

[41] Vgl.: Learn Engineering. 2017. How does an Electric Car work ? Tesla Model S. [Video] 2017.
[42] Vgl.: Schoblick, Robert. 2013. Antriebe von Elektroautos in der Praxis. Haar bei München : Franzis Verlag GmbH, 2013. S. 73.
[43] Vgl.: Learn Engineering. 2017. How does an Electric Car work ? Tesla Model S. [Video] 2017.
[44] Vgl. ebd.
[45] Vgl. ebd.

besteht dazu im Gegensatz lediglich aus rund 250 Teilen. Daraus folgt ein geringes Gewicht des Elektromotors. [46]

4.2 Vor- und Nachteile dieser Motoren

Elektromotoren haben sehr viele Vorteile wie z.B. der Elektromotor ist geräuscharm, vibrationsarm und gleichzeitig 3-4-mal leichter als der Verbrennungsmotor. Der dominierende Vorteil des Elektromotors ist die Abwesenheit der lokalen Emissionen bei glei-chem Wirkungsgrad 95% (kaum Energieverluste). Die eigentümliche Fähigkeit des Elekt-romotors ist seine hohe Lebensdauer. Der Elektromotor hat eine geringere Wartung we-gen des einfachen Fahrzeugbaus. Der Elektromotor hat eine bessere Zugkraft bei gerin-gen Geschwindigkeiten. Er hat aber auch den Nachteil, dass die Leistungsfähigkeit des Elektromotors von der Energiedichte der Energiespeicher abhängig ist. [47]

Wesentliche Nachteile der Verbrennungsmotoren sind höhere Vibrationen und hörbare Geräusche. Außerdem wiegt der Verbrennungsmotor im Durchschnitt ungefähr 140 kg. Bei dem Wirkungsgrad, der gleich 43% (hoher Energieverlust) ist, hat der Verbrennungs-motor große lokale Emissionen. Der Verbrennungsmotor hat eine mäßige Lebensdauer. Er braucht außerdem eine regelmäßige Wartung, wie z.B. den Ölwechsel. Die Zugkraft des Verbrennungsmotors bei geringen Geschwindigkeiten ist niedriger als bei dem Elekt-romotor. Außerdem ist der Verbrennungsmotor nicht rückspeisefähig. [48]

Der Verbrennungsmotoren hat aber auch einige Vorteile. Eine wichtige Eigenschaft der Verbrennungsmotoren ist die Unabhängigkeit der Fahrzeugleistung von der Temperatur und dem Energiespeicher. Außerdem besitzt der Kraftstoff von Verbrennungsmotoren einen extrem hohen Energiewert. [49]

Man merkt schon deutlich, dass die Elektromotoren mehrere Vorteile und weniger Nachteile im Vergleich zu Verbrennungsmotoren haben. Und man merkt, wie schnell die Elektro-Infrastruktur sich entwickelt. Das heißt, es ist möglich, die Nachteile der Elektromotoren zu korrigieren.

---

[46] Vgl.: Das Elektro-Auto-Journal. [Online] [Zitat vom: 28. Dezember 2017.] https://e-auto-journal.de/elektromotor-vs-verbrennungsmotor/.
[47] Vgl.: Yay, Mehmet. 2015. Elektromobilität. Frankfurt am Main : Peter Lang GmbH, 2015. S. 50.
[48] Vgl. ebd.
[49] Vgl. ebd.

5 Umsetzungsmöglichkeit der Elektroautos in der Praxis

Es gibt verschiedene Möglichkeiten und Überlegungen, wie zukünftig Elektroautos den Weg in unseren Alltag finden könnte. In diesem Kapitel werden die Wege aufgezeigt, wie Elektroautos bereits heute sinnvoll eingesetzt werden können z.B. durch Gesetze, Umweltschutzprogramme usw. Dann werden noch die besten Elektroautos, die heutzutage existieren, verglichen.[50] (siehe **Abbildung 8**)

Die Bundesregierung beschloss, die Forschung und Entwicklung, Marktvorbereitung und Einführung von Elektroautos zu unterstützen. Hierzu wurde im August 2009 der „Nationale Entwicklungsplan Elektromobilität der Bundesregierung" (NEEdB) verabschiedet. Der Plan sieht vor, die Entwicklung und Markteinführung von Elektrofahrzeugen voranzutreiben und den Bestand bis 2020 auf eine Million Elektrofahrzeuge innerhalb Deutschlands zu erhöhen.[51] In **Abbildung 14** im Anhang kann man die Steigerung der Anzahl des Elektroautos in Deutschland sehen.

Außerdem starten viele Automarken schon heute ein Umweltprogramm und versuchen Elektroautos zu popularisieren und auf die Straße zu bringen. Gleichzeitig versucht die Bundesregierung durch den NEEdB die Menschen langsam an Elektroautos zu gewöhnen und Diesel-/Benzinautos komplett zu ersetzen.[52]

Viele Automarken haben schon angefangen, den Umweltschutz zu verbessern. Dies sind zwei Beispiele der Automarken aus dem europäischen Markt, die ihre Initiative zeigen:

- Mercedes-Benz

  „Für elektrifizierte Automobile bietet Mercedes-Benz schon heute eine passende Lade-Infrastruktur an, darunter eine Wallbox als Schnellladestation für Zuhause, die kostenlose App „Charge&Pay" für das komfortable Stromtanken an öffentlichen Ladesäulen sowie für Hausbesitzer und Unternehmen

---

[50] Vgl.: Yay, Mehmet. 2015. Elektromobilität. Frankfurt am Main : Peter Lang GmbH, 2015. S. 85.
[51] Vgl. ebd.
[52] Vgl. ebd. S. 85 ff.

stationäre Energiespeicher für Strom aus Photovoltaik- oder Solaranlagen."[53]
(siehe **Abbildung 13** im Anhang)

- Volkswagen

    „Die Marke Volkswagen hat ein Umweltprogramm gestartet, mit dem das Unternehmen einen spürbaren Beitrag zur Verjüngung des Fahrzeugbestandes in Deutschland leisten wird."[54] (siehe **Abbildung 12** im Anhang)

Hier sind „Top 5" besten Elektroautos heutzutage:

Modelle:	Tesla Model S	Opel Ampera-e	Renault ZOE	BMW i3	Volkswagen e-Golf
Preis:	69.019 bis 106.720 Euro	39.330 Euro	24.690 Euro	36.150 Euro	35.900 Euro
Reichweite:	400 bis 600 Kilometer	520 Kilometer	bis zu 400 Kilometer	300 Kilometer (mit Range Extender = 450 Kilometer)	300 Kilometer
Leistung:	320 bis 538 PS	204 PS	92 PS	170 PS	136 PS
Beschleunigung:	0-100 km/h: 2,5 bis 5,8 Sekunden	0-100 km/h: 7,3 Sekunden	0-100 km/h: 13,2 Sekunden	0-100 km/h: 7,3 Sekunden	0-100 km/h: 9,6 Sekunden
Höchstgeschwindigkeit:	190 bis 250 km/h	150 km/h	135 km/h	150 km/h	150 km/h

Abbildung 8: "Top 5" Elektroautos (Quelle: http://www.autobild.de/bilder/elektroautos-und-ihre-reichweite-ranking-5574495.html#bild57)

Daraus folgt meine nächste These: Die Elektroautos können den Weg in unseren Alltag finden und uns den Weg in die Zukunft zeigen. Vielleicht wird es später unmöglich, sich ein Leben ohne Elektroauto vorzustellen. Die Zukunft, die ohne Emissionen existieren kann, ist möglich.

---

[53] Mercedes-Benz. [Online] [Zitat vom: 31. Dezember 2017.] https://www.mercedes-benz.de/passenger-cars/the-brand/innovation/concept-eq.module.html#.

[54] Volkswagen. [Online] [Zitat vom: 31. Dezember 2017.] https://webspecial.volkswagen.de/emobility/de-de/.

6 Auswertung der Umfrageergebnisse

Die Umfrage wurde in der Stadt Leipzig am Marktplatz durchgeführt. Die Fragebögen der Umfrage sind in **Abbildung 15** im Anhang dargestellt. Die Auswertung der Umfrageergebnisse wird in dieser Arbeit in Form eines Diagramms angezeigt, analysiert, ausgewertet und auf die Frage, ob die Menschen bereit sind, ihr Auto zu tauschen bzw. ein Elektroauto zu kaufen und unter welchen Bedingungen, geantwortet. Hier sind zuerst die Ergebnisse:

Frage 5: Sind Sie bereit ihr Auto zu tauschen bzw. ein Elektroautozu kaufen?

Antwort:	Ja	Nein
50 Personen:	17	33

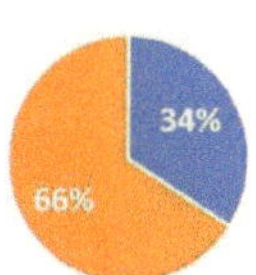

Die Personen, die bereit sind, ihre Autos zu tauschen bzw. ein Elektroauto zu kaufen:	Die Personen, die *nicht* bereit sind, ihre Autos zu tauschen bzw. ein Elektroauto zu kaufen:

Alter:	18-25	25-40	40 und älter
17 Personen:	7	9	1

Alter:	18-25	25-40	40 und älter
33 Personen:	6	7	20

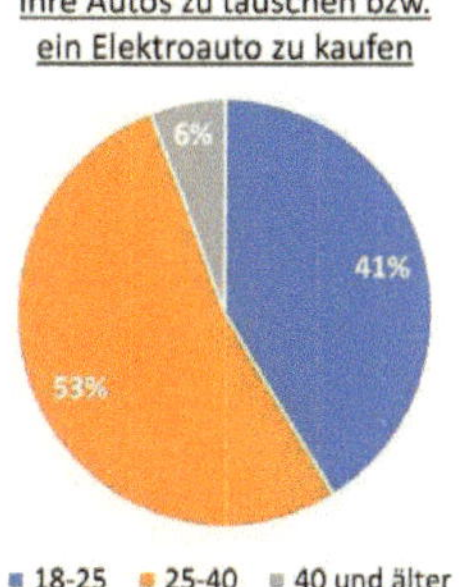

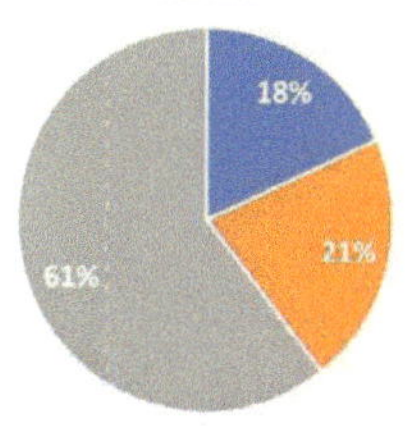

Frage 6:   Wenn mit "Nein" geantwortet: Unter welchen Bedingungen wären sie bereit?

Bedingungen:	Preis	Umwelt und Umweltprogramme (CO₂ Emissionen bei der Herstellung usw., der Einsatz von kritischen Rohstoffen, Umrüstung alten Autos usw.)	Weiterentwicklung (Ladeinfrastruktur und die Akkumulatortechnik)	Andere (keine Intresse, politische Widersprüche usw.)
33 Personen:	9	6	19	8

Bedingungen

 Preis

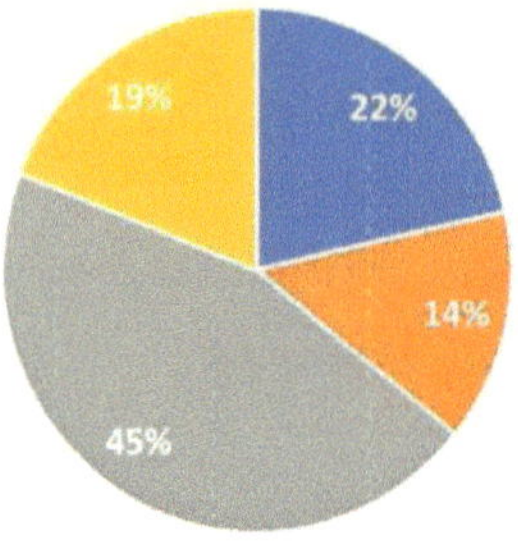 Umwelt und Umweltprogramme (CO₂- Emissionen bei der Herstellung usw., der Einsatz von kritischen Rohstoffen, Umrüstung alten Autos usw.)

Weiterentwicklung (Ladeinfrastruktur und die Akkumulatortechnik)

Andere (keine Intresse, politische Widersprüche usw.)

Daraus bildet sich meine These, dass die jüngere Generation im Vergleich zu der älteren Generation bereit ist, die Elektroautos zu kaufen. Der nächste Punkt ist der Umwelt-schutz. Nur für 14% der Befragten steht die Umweltverschmutzung bei der Herstellung des Elektroautos im Vordergrund. Das beweist die Argumentation, die am Anfang der Facharbeit genannt wurde (Kapitel 2.1). Die Mehrheit strebt nach der Mobilität und dem Preis der Verkehrsmittel und nur 14% strebt nach dem Umweltschutz. Man sieht hierbei auch die Gebiete, in denen die Elektroautos weiterentwickeln werden müssen, z.B. Lad-einfrastruktur, die Akkumulatorentechnik, Preis usw. Gleichzeitig muss diese Entwick-lung unschädlich für die Natur sein.

7 Fazit

Meine Intensive Beschäftigung mit dem Thema Elektroautos brachte mir die Erkenntnis, dass die Elektroautos sich weiterentwickeln müssen um mehr Aufmerksamkeit von den Menschen zu bekommen, damit man eine grüne Zukunft und einen grünen Weg in die Zukunft haben kann.

Es ist gut zu sehen, dass die jüngere Generationen und die Bundesregierung sich dafür interessieren, den grünen Weg zu unterstützen/ zu entwickeln. Momentan sieht man deutlich die Schwäche des Elektroautos und dessen Nachteile bei der Herstellung, Nutzung, Verarbeitung usw. Diese Schwäche kann man nur mithilfe der gemeinsamen Arbeit, Teilnahme und mit der Entwicklung der Technologien und Wissenschaft lösen. Man sieht schon deutlich wie die Elektroautos sich entwickeln. Die Entwicklung des Elektroautos garantiert, dass die Elektroautos unschädlich sein können und dass die Elektroautos der grüne Weg in die Zukunft sind.

Die wesentlichen Erkenntnisse der Arbeit sind in Form von Thesen zusammengefasst und formuliert:

1. Umweltverschmutzung zwingt den Menschen, zu beginnen, die Elektroautos zu entwickeln und zu verwenden.
2. Fast alle Bestandteile des Elektroautos garantieren einen grünen Weg.
3. Die kleinsten Details der Umweltverschmutzung durch die E-Autos sowie der Missbrauch der kritischen Rohstoffe bei der Herstellung dieser Elektroautos müssen berücksichtigt werden.
4. Die Elektromotoren haben mehrere Vorteile und weniger Nachteile im Vergleich zu Verbrennungsmotoren. Es ist möglich, die Nachteile der Elektromotoren zu korrigieren.
5. Die Elektroautos können den Weg in unseren Alltag finden und uns eine Richtung in die Zukunft zeigen. Eine Zukunft ohne Emission ist möglich.
6. Elektroautos sind ein Bestandteil eines „grünen Weges" in die Zukunft.

8 Quellenverzeichnis

[Online]

ACI. 2017. Bauplan-Elektroauto. [Online] 2017. [Zitat vom: 26. Dezember 2017.] https://bauplan-elektroauto.de/elektromotoren/.

autobild. [Online] [Zitat vom: 31. Dezember 2017.] http://www.autobild.de/bilder/elektroautos-und-ihre-reichweite-ranking-5574495.html#bild56.

Autoleek. Autoleek.ru. [Online] [Zitat vom: 26. Dezember 2017.] http://autoleek.ru/dvigatel/jelektricheskij-dvigatel/ustrojstvo-jelektromobilja.html.

Das Elektro-Auto-Journal. [Online] [Zitat vom: 28. Dezember 2017.] https://e-auto-journal.de/elektromotor-vs-verbrennungsmotor/.

Elektronik-Zeit. [Online] [Zitat vom: 23. Dezember 2017.] https://www.elektronik-zeit.de/warum-eine-12-v-batterie-im-elektroauto-notwendig-ist/.

2012. emobilitaet.online. [Online] 2012. [Zitat vom: 23. Dezember 2017.] https://www.emobilitaetonline.de/das-elektroauto/68-kapitel-5-die-steuerungs-und-leistungselektronik.

Freiherr von Weizsäcker, Richard. Aphorismen.de. [Online] [Zitat vom: 18. Dezember 2017.] https://www.aphorismen.de/zitat/180964.

Gobmaier, Thomas. Nikola Tesla - vergessenes Genie. [Online] [Zitat vom: 22. Dezember 2017.] http://www.tesla-info.de/polyphase.htm.

Hinrich Helms, Julius Jöhrens, Claudia Kämper, Jürgen Giegrich, Axel Liebich, Regine Vogt, Udo Lambrecht ifeu – Institut für Energie- und Umweltforschung Heidelberg GmbH, Heidelberg. 2016. Weiterentwicklung und vertiefte Analyse der Umweltbilanz von Elektrofahrzeugen. [Online] 2016. [Zitat vom: 28. Dezember 2017.]

http://www.umweltbundesamt.de/publikationen/weiterentwicklung-vertiefte-analyse-der.

Korthauer, Reiner. 2013. *Handbuch Lithium-Ionen-Batterien.* Stuttgart, Deutschland : Springer Vieweg Verlag, 2013.

Learn Engineering. 2017. *How does an Electric Car work ? Tesla Model S.* [Video] 2017.

Leifiphysik. [Online] [Zitat vom: 27. Dezember 2017.] https://www.leifiphysik.de/elektrizitaetslehre/elektromagnetismus/ausblick/relais.

Mähler, Christoph. 2016. Stromschnell. [Online] 2016. [Zitat vom: 26. Dezember 2017.] https://www.stromschnell.de/technik/batterien-in-elektroautos-aktueller-stand-und-perspektiven_5123204_5093776.html.

Mähliß, Dr. Jochen. 2012. Elektronik. Fachmedium für Industrielle Anwender und Entwickler. [Online] 2012. [Zitat vom: 26. Dezember 2017.] http://www.elektroniknet.de/elektronik/power/gefaehrdungspotenzial-von-li-ionen-zellen-92479.html.

März, Dr. Martin. 2010. *Leistungselektronik für e-Fahrzeuge Konzepte und Herausforderungen.* Nürnberg : Fraunhofer Institut für Integrierte Systeme und Bauelementetechnologie (FhG-IISB), 2010.

Mercedes-Benz. [Online] [Zitat vom: 31. Dezember 2017.] https://www.mercedes-benz.de/passengercars/the-brand/innovation/concept-eq.module.html#.

Mercedes-Benz. E-Mobilität. [Online] [Zitat vom: 23. Dezember 2017.] https://www.mercedes-benz.de/passengercars/mercedes-benz-cars/models/e-mobility/project-eq/drives/plug-in-hybrid.module.html#contentnavigation.

Paschotta, Dr. Rüdiger. 2012. RP-Energie-Lexikon. [Online] 2012. [Zitat vom: 25. Dezember 2017.] https://www.energie-lexikon.info/energiespeicher.html.

REO. [Online] [Zitat vom: 27. Dezember 2017.] http://www.reo.de/de/produkte/emv-filter/emv-filter.html.

Schoblick, Robert. 2013. *Antriebe von Elektroautos in der Praxis.* Haar bei München : Franzis Verlag GmbH, 2013.

Trost, Tobias. 2016. *Erneubare Mobilität im motorisierten Individualverkehr: Modellgestützte Szenarioanalyse der Marktdiffusion alternativer Fahrzeugantriebe und deren Auswirkungen auf das Energieversorgungssystem.* Heilbad Heiligenstadt : Fraunhofer Verlag, 2016.

Vieweg, Christof. 2010. *E-Autos. So fahren wir in die Zukunft ; alle Elektro- und Hybridmodelle, Technik, Kaufberatung, Kosten- und Umweltcheck.* Bielefeld : Delius Klasing Verlag, 2010.

VINTER 2017/2018. **Volvo Car Germany GmbH. 2017.** Köln : Möller Druck & Verlag GmbH, 2017.

Volkswagen. [Online] [Zitat vom: 31. Dezember 2017.] https://webspecial.volkswagen.de/emobility/de-de/.

Weibel, Niels. 2017. *E-rfolglos.* Deutschland : 3sat Mediathek, 2017.

Yay, Mehmet. 2015. *Elektromobilität. Theorethische Grundlagen, Herausforderungen sowie Chancen und Risiken der Elektromobilität, diskutiert an den Umsetzmöglichkeiten in die Praxis.* Frankfurt am Main : Peter Lang GmbH, 2015.

9 Übrige Verzeichnisse

Abbildungsverzeichnis

10 Anhang

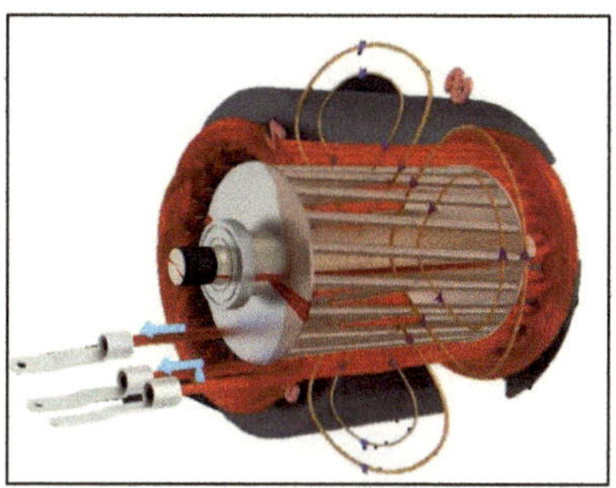

Abbildung 9: *Elektromotor des E-Autos (Tesla) (Quelle: Learn Engineering. 2017. How does an Electric Car work? Tesla Model S. [Video] 2017.)*

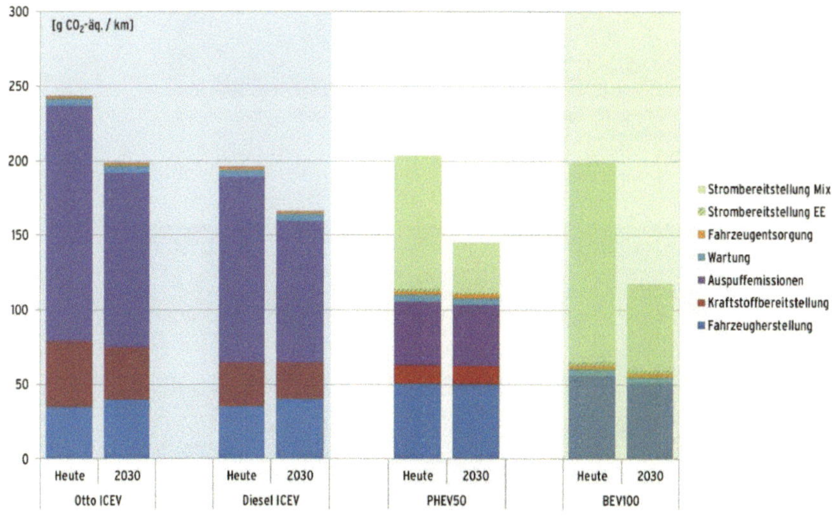

Abbildung 10: *Treibhausgasemissionen von Verbrennungs- und Elektrofahrzeugen (Heute und 2030) (Quelle: Hinrich Helms, Julius Jöhrens, Claudia Kämper, Jürgen Giegrich, Axel Liebich, Regine Vogt, Udo Lambrecht ifeu – Institut für Energie- und Umweltforschung Heidelberg GmbH, Heidelberg. 2016. Weiterentwicklung und vertiefte Analyse der Umweltbilanz von Elektrofahrzeugen. [Online] 2016. [Zitat vom: 28. Dezember 2017.] http://www.umweltbundesamt.de/publikationen/weiterentwicklung-vertiefte-analyse-der.)*

Phosphor	Titan	Nickel	Aluminium
Gold	Molybdän	Lithium	Mangan
Eisen	Tellur	Zirkon	Kupfer
Indium	Silber	Tantal	PGM
Seltene Erden	Kobalt	Magnesium	Chrom

rot = kritisch; gelb = bedingt kritisch; grün = unkritisch

Abbildung 11: *Einsatz von kritischen Rohstoffen in Elektro-Pkw (Quelle: Hinrich Helms, Julius Jöhrens, Claudia Kämper, Jürgen Giegrich, Axel Liebich, Regine Vogt, Udo Lambrecht ifeu – Institut für Energie- und Umweltforschung Heidelberg GmbH, Heidelberg. 2016. Weite)*

Abbildung 12: *Umweltprogramm von Volkswagen (Quelle: https://mahag-nutzfahrzeuge.de/umweltpraemie/)*

Abbildung 13: *Ladeinfrastruktur und elektrisches Konzeptfahrzeug von Mercedes-Benz (Quelle: https://www.mercedes-benz.de/passengercars/the-brand/innovation/concept-eq.module.html#)*

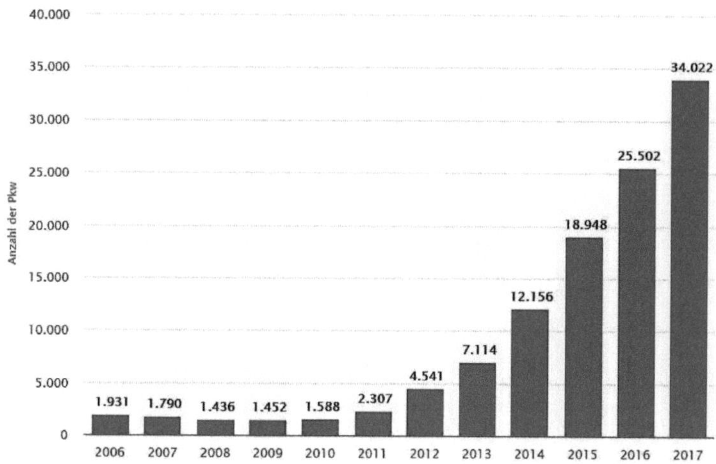

Abbildung 14: *Anzahl der Elektroautos in Deutschland von 2006 bis 2017 (Quelle: https://de.statista.com/statistik/daten/studie/265995/umfrage/anzahl-der-elektroautos-in-deutschland/)*

☑ **Anonyme Umfrage**

Facharbeit 2017/2018

Thema:
Die Elektroautos – Der
grüne Weg in die Zukunft.

GESCHLECHT:

☐ Männlich   ☐ Weiblich

ALTER:

☐ 18   ☐ 19 – 25   ☐ 25 – 40

☐ 40 und älter

MIT WELCHEM KRAFTSTOFF WIRD IHR AUTO ANGETRIEBEN ?

☐ Benzin   ☐ Diesel   ☐ Elektro/Hybrid

☐ Andere (________________________)

FINDEN SIE ELEKTROAUTOS BESSER ALS BENZIN-, DIESELAUTOS ?

☐ Ja   ☐ Nein

SIND SIE BEREIT IHR AUTO ZU TAUSCHEN BZW. EIN ELEKTROAUTO ZU KAUFEN ?

☐ Ja   ☐ Nein

WENN MIT "NEIN" GEANTWORTET:
UNTER WELCHEN BEDINGUNGEN WÄREN SIE BEREIT ?

____

____

Abbildung 15: *Fragebogen der Umfrage (Schablone)*